奇趣创意科学

神奇地理

明洋卓安 编著

中国科学技术出版社
·北京·

前 言

　　大自然给了人类无穷的启示，很多发明与发现都来自对大自然的科学探索。《奇趣创意科学》这套书，打破枯燥的文字叙述，以趣味盎然的卡通绘本形式，引导孩子通过全新的方式和角度探索动物世界、揭秘自然现象，充满想象力的文字描述，趣味十足的手绘插图，生动形象地解释了可爱的动物和千变万化的自然现象中所蕴含的知识，简单、清晰、直观，为小读者打开了一扇了解大自然的大门。

　　这套书为小读者展现了丰富多彩的科学知识，培养他们对科学和自然的兴趣，还能发展他们探索未知世界的好奇心。

目 录

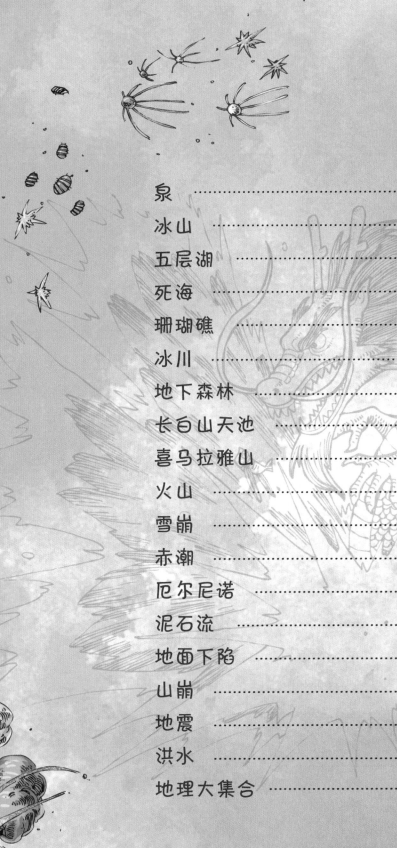

南极不冻湖

是存在于南极的一种奇特现象。在热带地区，湖水终年不冻很正常。但是，在年平均温度仅−25℃，最低温度达−90℃的南极大陆，竟然也存在着不冻湖，这非常不可思议！这一现象引起了科学家的极大兴趣，他们对不冻湖进行了深入考察，提出了各种看法。

南极夏季日照时间长，湖面接受太阳辐射能量多，致使湖水温度升高。而冬季，湖面水的密度大，导致温暖的表面水下沉，从而使底层水的温度升高。

在距离不冻湖 50 千米的罗斯海附近，存在着目前仍会喷发的活火山。这一地域的岩浆活动剧烈，受到地热影响，湖水的温度就会出现上冷下热的现象。

还有一些人传说：在南极的冰层下，有可能存在着一个由外星人建造的秘密基地，是他们的活动场所散发出来的热能将这里的冰融化了。这个说法目前还没有科学依据。

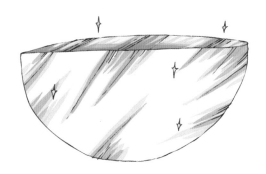

跟不冻湖相反，在南极的无雪干谷地区还有一个湖，叫"皮达湖"。人们曾经对它进行过钻探，发现整个湖几乎就是一个特别完整的大冰块！只有在夏季，才会有少量冰川融水从湖岸流入湖底。所以人们又把它叫作"永冻湖"。

不冻湖表面水温为 0℃ 左右，随着深度的增加，水温不断升高。在 15 ～ 16 米的深处，水温上升到 7.7℃；在 68.6 米深的湖底，水温竟高达 25℃，几乎和温带大洋的海水温度差不多。

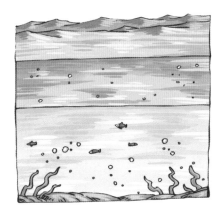

在冰雪覆盖的南极大陆，不冻湖奇迹般地出现在世人面前，引发了种种猜想。

沥青湖

是一个特别神奇的湖，湖中没有水，全是黏糊糊的沥青！有时候，沥青表面变硬，人还可以在上面行走呢！这神奇的沥青湖是怎样形成的呢？原来，由于古代地壳变动，岩层断裂，地下的石油和天然气涌溢而出，与泥沙等物质结合形成沥青。越来越多的沥青在湖床上逐渐堆积硬化，就慢慢形成了如今的天然沥青湖。

沥青湖的湖底深不可测，人们曾用探测工具探查，发现 90～100 米的深处仍是沥青。

一些动物不小心进入沥青湖，会被黏稠的沥青粘住，然后慢慢陷下去。其中有狮子、老虎等体形较大的动物，也有狐狸、狼，甚至水鸟等体形较小的动物也逃脱不了。

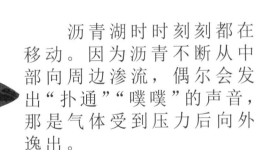

天然沥青湖的沥青质地优良，方便开采，而且具有高度的机械稳定性和很强的黏合力。用它铺成的路面经久耐用，酷暑不软，严冬不裂，深受人们的喜爱。

沥青湖时时刻刻都在移动。因为沥青不断从中部向周边渗流，偶尔会发出"扑通""噗噗"的声音，那是气体受到压力后向外逸出。

沥青湖的湖面上布满了黑灰色的褶皱，褶皱之间的低洼地在下雨时便形成了天然的水塘。

海浪

就像大海跳动的脉搏，周而复始，永不停歇。平静时，浪花轻轻拍打着海岸，像一位温柔的母亲；发怒时，巨浪翻滚，犹如猛兽一般，能将船只掀翻。其实，海浪是海水的波动现象，主要是由风产生的。但是，天体引力、海底地震、火山爆发等，都会引起海水的巨大波动，所以有时海上无风也会起浪。

风浪：风直接推动的海浪。它的特点是同时出现许多高低长短不等的波浪，波面较陡，波峰附近常有浪花或大片泡沫。

涌浪：风浪传播到风区以外的海域中所表现的波浪。它具有较规则的外形，排列比较整齐。

海洋近岸波：风浪或涌浪传播到海岸附近，受地形的作用而改变的海浪。

可别小看海浪，它们拥有巨大的能量呢！据推算，全球海浪能的功率约为700亿千瓦，其中可开发利用的约为25亿千瓦，与潮汐能相近。英国的奥克尼群岛附近风急浪高，人们在那里建立了世界上第一个海浪发电试验场。

看似温柔的海浪，在发怒时也能带来巨大灾难。一般波高超过6米的海浪就能掀翻船只，摧毁海上工程，给航海、渔业捕捞等工作带来极大危害。

通过海浪的作用，可以形成不同的地形。在海岬地区，岩石被海浪冲刷破碎，形成海蚀地形；在海湾中，海浪能量减弱，泥沙沉积，形成沉积地形。

海冰

海冰 是威胁船舶航行的头号杀手，著名的轮船"泰坦尼克号"之所以会沉没，就是因为它遇到了海冰。海冰主要是直接由海水冻结而成的咸水冰，也有一部分为进入海洋中的大陆冰川、河冰及湖冰。海冰在海上漂流，拥有巨大的推力和撞击力，破坏性极强。

与海岸或海底冻结在一起的海冰称为"固定冰"；能随风、海流漂移的海冰称为"浮冰"，浮冰会影响舰船航行，危害海上建筑物。海冰在冻结和融化过程中，会引起海面情况的变化。

如果海冰的各个部分间存在温度差异，海冰里的盐分就会向温度高的地方移动。

海水的结冰过程往往较快，会使一些盐分以"盐泡"的形式保存在冰晶之间，所以海冰是有咸味的。

海冰刚产生时是针状或薄片状的，接着变成糊状或海绵状。在进一步冻结后，它会成为漂浮于海面的"冰皮"或"冰饼"。海面布满这种薄薄的冰层后，冰层便向厚度方向延伸，逐渐形成坚实的、覆盖海面的大面积海冰。

海冰会影响大气环流和气候变化，还会影响人类的活动，比如，海冰会挤压和损坏船只、封锁港口和航道、破坏各种海上设施，等等。

石林

石林 的代表当属我国云南昆明闻名世界的石林风景区，那里的奇石拔地而起，千姿百态，有唐僧石、悟空石、八戒石、观音石、将军石……还有许多石头造型酷似植物，如雨后春笋、蘑菇等，无不栩栩如生，惟妙惟肖，被人们誉为"天下第一奇观"。下面，就让我们来了解一下神奇的石林吧！

石林是地表可溶性岩石（主要是石灰岩）受水的溶解而发生溶蚀现象，形成的特殊地貌。

在吉林省长白山地区，一处峡谷中的浮石林像一条磷光闪烁的巨龙。它是火山喷发后的碎屑经流水冲刷形成的，没有经过人工修饰和雕琢。浮石林中的石头千姿百态，令人感叹大自然的鬼斧神工。

云南昆明石林风景区的石柱雄伟高大，密集整齐，面积巨大，居世界各国石林之首，因此被评为"世界地质公园""世界自然遗产风光"。

瀑布

雄伟壮观，是一种特别壮美的自然景观。李白的诗句"飞流直下三千尺，疑是银河落九天"将瀑布的壮美描绘得惟妙惟肖。

瀑布是怎样形成的呢？原来，河水在河谷中奔流，遇上了陡峭的地形，跌落下来就形成了瀑布，所以瀑布又称为跌水。地势越陡，水量越大，瀑布越壮观。

瀑布就像一条硕大的水幕布，形成壮美的景观。

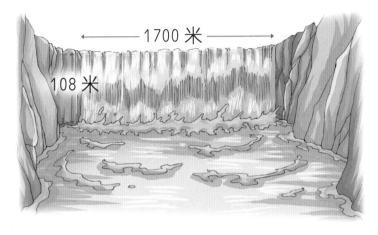

位于非洲的维多利亚瀑布是世界上著名的瀑布奇观之一。它宽1700余米，最高处108米，年平均流量934立方米／秒。维多利亚瀑布的水泻入一个峡谷，峡谷宽度从25～75米不等，远隔20千米以外，都能看到水雾形成的彩虹呢！

造成跌水的悬崖，会在瀑布的冲击下不断坍塌变矮，瀑布会不断后退并降低高度，最终消失。

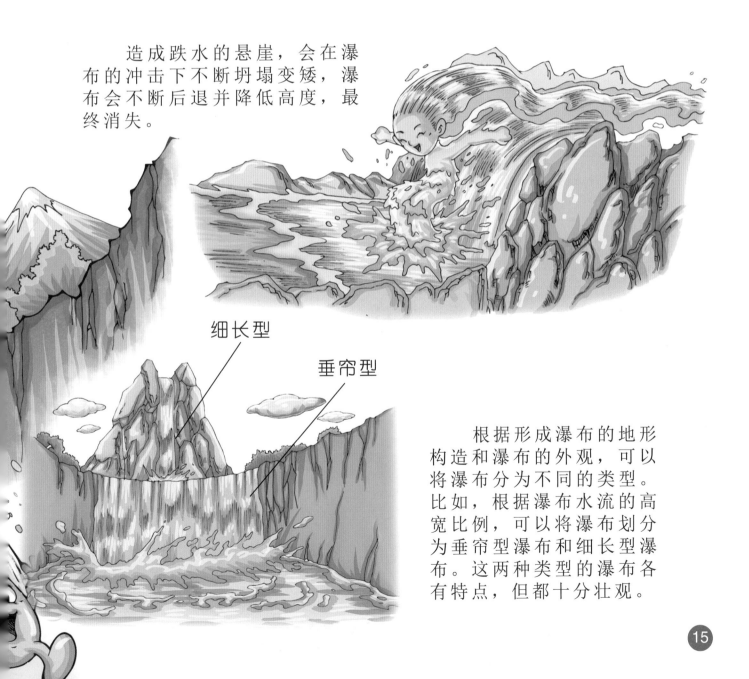

根据形成瀑布的地形构造和瀑布的外观，可以将瀑布分为不同的类型。比如，根据瀑布水流的高宽比例，可以将瀑布划分为垂帘型瀑布和细长型瀑布。这两种类型的瀑布各有特点，但都十分壮观。

溶洞

里不仅有各种各样的钟乳石、石笋、石柱，还有像迷宫一样的通道，通向一个个洞穴。是谁造出了如此神奇的溶洞呢？原来，是水一点一滴"凿"出来的。溶洞一般都形成于石灰岩地带，石灰岩虽然很坚硬，却很怕水，因为水会溶解其中的石灰质。石灰岩长期受水的侵蚀，慢慢就溶解形成了洞穴。这一过程听起来很简单，其实溶洞的形成需要千百万年的时间呢！

我们来做一个小实验，模拟石灰岩发生化学反应，形成溶洞的过程。取一只大杯子，将少量熟石灰（氢氧化钙）溶解于水中，静置片刻。再把上层清澈的石灰水倒在一个试管里，然后通过一支玻璃管往石灰水里吹气。当氢氧化钙和人呼出的二氧化碳发生反应后，就形成了不溶于水的白色固体——碳酸钙。如果连续吹气，水又会变得澄清，这是因为碳酸钙继续与二氧化碳发生反应，产生溶于水的碳酸氢钙。在自然界中，石灰岩经过反复的溶解和沉淀，就形成了溶洞。

当向下生长的钟乳石和向上生长的石笋接在一起的时候，就形成了石柱。石柱两头粗、中间细，不知原因的人还以为是谁凿出来的呢！

钟乳石和石笋大不相同，一个像冬天屋檐下的冰柱，从上面垂下来；一个像春天从地下"冒"出来的竹笋，尖头朝上。

泉 是指地下的含水层或含水通道与地面相交，使地下水冒出地表的现象。泉水晶莹清澈，既为人类提供了理想的水源，又构成了许多观赏景观和旅游资源，如喷泉、理疗泉等。我国泉的总数约有十万多处，分布十分广泛，种类也非常丰富，各地名泉不胜枚举。

水温高于 20℃的称为温泉，而低于 20℃的称为冷泉。世界各地的人们都有泡温泉的习俗。冷泉的水质清醇甘甜，可以饮用或用作酿酒。

泉水多出现在山区或丘陵的沟谷、坡角、山前地带，河流两岸的边缘和断层带附近也有许多，而在平原地区却很少见。

泉有一个或
多个泉眼，水流
从泉眼中喷出。

云南大理的蝴蝶泉，泉
水清澈见底，一串串银白色
的气泡自沙石中徐徐涌出，
美不胜收。最为神奇的是，
在每年的农历四月中旬，泉
边的合欢树会散发出淡雅的
清香，吸引成千上万只蝴蝶
前来聚会。这些蝴蝶在泉边
漫天飞舞，极为壮观。数不
清的彩蝶从合欢树上一只只
倒挂着结成长串，一直垂到
水面，真是稀世奇观！

冰山

是漂浮在大海上的由冰形成的山。原来，在冰川、冰盖与大海交汇的地方，由于冰与海水的相互运动，使冰川或冰盖末端断开、掉入海中形成大型的淡水冰，就是冰山。

从冰架或冰川边缘断裂下来不久的冰山，通常是平台状的，它们的顶部非常平坦，甚至可以作为轻型飞机的停机坪。

随着逐渐消融，冰山会不断地分裂、翻转、坍塌，同时在海浪的作用下，形成各种形状的小型冰山。

南极冰山的运动方向与大气环流、表层水流相一致。在南极岸边，冰山的漂移取决于海流，它们的漂移轨迹常常形成闭合式圆环。

我们在形容某个事物只显露出一小部分时，常常用"冰山一角"这个词。可见，冰山的水面以上部分只占其全部体积的一小部分。一般情况下，冰山露出水面的部分仅是整座冰山体积的十分之一左右。

冰山的温度很低，寒气袭人，科学家认为，冰山有助于减少温室气体的积聚。

冰山运动的主要动力是风，其次是洋流。它的运动速度主要取决于高出水面部分的形状。

五层湖

在北冰洋西南巴伦支海的基里奇岛上，有一个神奇的湖，名字叫麦其里湖，人们通常称它为五层湖。这个湖的湖水分为五层，每一层都有独特的水质、水色和生物，这些生物都乖乖地生活在属于自己的世界中，互不侵犯，形成了一个奇妙绮丽的世界。

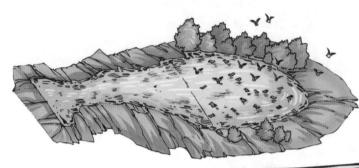

我国青藏高原有个鲸湖，形状酷似一条横卧的鲸。湖的东部因有河水流入，盐度较低，每年夏季都有无数飞禽在此觅食繁育。湖的西部没有淡水补给，湖水盐度极高，是个没有生命的死湖。

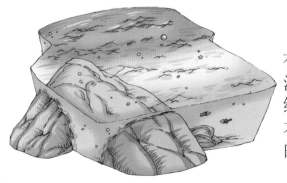

在我国四川岷山有一个五彩湖,湖中竟有蓝、绿、黄、橙、红五种颜色!为什么湖泊会如此多彩呢?首先,湖水倒映出树林的绚丽色彩;而且湖底的石灰岩层次高低不同,本身颜色有别;再加上水里的水藻有着不同的颜色,就形成了极为丰富的色彩。

大西洋的巴哈马岛上有一个"火湖",人们在湖上泛舟时,船头和船舷会喷出鲜艳的"火光",船尾则拖着一条长长的"火龙"。原来,湖中生长着一种体形微小的海洋生物"甲藻",它受到外界刺激时,体内的荧光素就会发光。

第五层是最上面的一层,是淡水层,这里生活着种类繁多的淡水鱼和其他淡水生物。

第四层是淡水与咸水互相混合的水层,生活着海蜇和咸淡"两栖"生物, 如水母、虾、蟹以及其他一些水生生物。

第三层是咸水层,水质透明,是海洋生物的领域。这里的生物有海葵、海藻、海星、海鲈、鳕鱼等。

第二层湖水呈深红色,宛如新鲜的樱桃汁液,色彩十分艳丽。这里没有大型生物,只有种类不多的微生物。

第一层是由各种生物的尸体残骸和泥沙混合而成的。在这里,只生存着一种"嫌气性微生物",其他生物无法生存。

死海 其实不是海，而是一个内陆湖，而且是地球上咸度最高的湖。死海所处地区气温高、降水量少，流入死海的河水不断蒸发，而矿物质却大量沉积下来。久而久之，海水的浓度就越来越高了。它之所以被称为"死"海，有两个原因：一是找不到任何可以流出的出水口，二是大多数生物都无法在这么咸的水中生存。

不会游泳的人也可以自由自在地漂浮在死海的水面上，这是因为死海含盐量很高，水的比重超过人体的比重，所以人被水的浮力托起，不会沉下去。

死海将来会变成什么样呢？一种观点认为，死海不断地蒸发浓缩，流入其中的河水流量却越来越少，最终死海将不复存在。另一种观点则认为，死海位于大断裂带的最低处，总有一天，死海底部会出现裂缝，从地壳深处冒出海水，随着裂缝不断扩大，将产生一个新的海洋。

不要以为死海的浮力大，人沉不下去，就可以随心所欲地嬉水。死海的含盐量很高，哪怕有一小滴水进入眼中，都会十分难受。有人不小心喝了一口，结果胃难受了好几天，想吐也吐不出来。因此，到死海游玩时一定要保护好自己。

扑通

因为死海中的水的比重超过了人体的比重，所以人不会沉下去。

珊瑚礁

是由造礁珊瑚的骨架和生物碎屑组成的。珊瑚礁为很多动植物提供了生活环境，五颜六色的海洋生物游弋于奇形怪状的珊瑚丛中，就像一片美丽的"海底热带雨林"！而且，珊瑚礁中还蕴藏着很多珍贵的油气、矿物等资源。珊瑚礁被视为地球上非常古老、多姿多彩、珍贵的生态系统之一。

珊瑚虫的体内有一种单细胞藻类，叫作虫黄藻。虫黄藻能通过光合作用合成营养物质，源源不断地给珊瑚虫提供养料。

许多海洋生物都选择在珊瑚礁安家落户，珊瑚礁因而被誉为海洋中的"热带雨林"。

游弋在珊瑚礁周围的鱼类，几乎都是色彩斑斓、体态万千的。为了保护自己，珊瑚礁鱼类的体色和周围环境极其相似，经常能以假乱真，躲避凶险。

据科学家统计，超过四分之一的已知海洋鱼类都依靠珊瑚礁生存。

珊瑚礁的主体是由珊瑚虫组成的。珊瑚虫具有附着性，一旦固定便不再离开。

冰川

是一种流动的固体，听起来很神奇吧？在高寒地区，雪层聚积成巨大的冰川冰，在重力的作用下不停地流动，最终形成冰川。冰川在两极到赤道带的高山地区都有分布，覆盖了地球陆地面积的11％，约占地球上淡水总量的69％。

在河谷上，接近山顶和分水岭的地方，总是会形成类似漏斗的地形。当天气变冷时，冰雪首先会在这种漏斗形地区积聚，积累到一定程度后，就会发生流动，开始形成冰川。

冰川的移动速度一般比较缓慢，但有时会发生爆发式前进。移动时，冰川之间互相碰撞、挤压，碎裂时，会发出巨大的声响。

冰川的形成，需要大量的固态降水，包括雪、雾、雹等。没有这些"原料"，就等于"无米之炊"，根本无法形成冰川。

冰川冰最初形成时是乳白色的，经过漫长的岁月，它们变得越来越紧密坚硬，里面的气泡也逐渐减少，慢慢变成晶莹剔透、带有蓝色光泽的水晶版的冰川冰。

冰川在形成的时候，会封存一些空气和尘埃，科学家能根据其中的尘埃和气泡来分析冰川形成时的气候。

地下森林

是生长在地面以下的森林。森林怎么会位于地面下呢？原来，它们是古代火山喷发之后，树木在凹陷的火山口里生长形成的。站在火山口顶向下一望——哇！陡峭的内壁上，林木郁郁葱葱，青翠欲滴，真是别有洞天！许多人都不满足于站在火山口顶向下观望，忍不住想亲自下去体验它的神奇。

地下森林中除了植物外，还生存着很多小型动物，堪称"地下动植物园"。

火山口底部的地势比较平坦。如果稍加留意，很容易发现这里暗藏着火山溶洞。溶洞内气温反常，酷夏有薄冰，严冬有清泉，十分奇特。

火山喷发后会形成火山口。阳光从缺口处射进来，火山喷发的碎屑物经过风化，变成了肥沃的土壤，风或小鸟把植物的种子带到这里，植物就在这里安了家，形成了地下森林。

地下森林中蕴藏着丰富的资源，比如名贵的木材和药材。

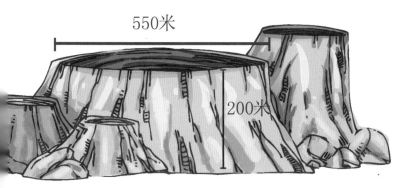

550米

200米

在距黑龙江省镜泊湖西北约50千米处，有一处国家级自然保护区，在那里可以看到地下森林。登上火山顶时，眼前会突然出现一个个硕大的火山口，在长40千米、宽5千米的狭长地带上共有10个。最大的火山口直径可达550米，深达200米。

31

长白山天池

位于中朝边境，湖面海拔达 2150 米。天池周围环绕着 16 座山峰。长白山原是一座火山，火山爆发后，火山口处形成盆状，时间一长，积水成湖，就形成了天池。

天池气候多变，瞬间便能经历风雨雾霭。湖面上常有雾气弥漫，使天池若隐若现，让人如临仙境。天气晴朗的时候，峰影云朵倒映在碧池之中，色彩缤纷，景色宜人。

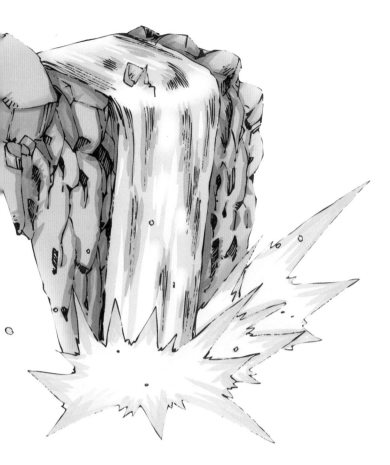

天池的湖水从一个小缺口中溢出来，流出 1000 多米，从悬崖上倾泻而下，形成了著名的长白山大瀑布。大瀑布高达 60 余米，水流从天而降，像一条巨龙扑向谷底，蔚为壮观。距瀑布 200 米远就可以听到它的轰鸣声。

天池呈椭圆形，湖面面积约 10 平方千米，平均水深 204 米。天池蓄水达 20 亿立方米，是一个巨大的天然水库。这么多水是从哪里来的呢？它们一部分来自丰富的降水，另一部分来自泉水。

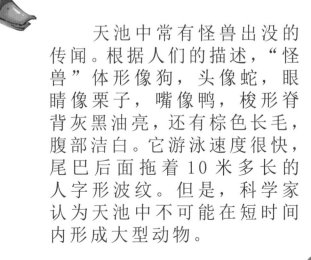

天池中常有怪兽出没的传闻。根据人们的描述，"怪兽"体形像狗，头像蛇，眼睛像栗子，嘴像鸭，梭形脊背灰黑油亮，还有棕色长毛，腹部洁白。它游泳速度很快，尾巴后面拖着 10 米多长的人字形波纹。但是，科学家认为天池中不可能在短时间内形成大型动物。

喜马拉雅山

是世界上最高大、最雄伟的山脉，它的平均海拔达 6000 米以上，其中海拔 7000 米以上的高峰有 40 座，8000 米以上的高峰有 11 座，主峰珠穆朗玛峰海拔 8844.43 米，为世界第一高峰。这些山峰终年被冰雪覆盖，藏语"喜马拉雅"即"冰雪之乡"的意思。

喜马拉雅山的主峰——珠穆朗玛峰是世界上最高的山峰。它银装素裹、俯视人间，时而出现在湛蓝的天空中，时而隐藏在云彩里。

2008 年 5 月 8 日，北京奥运会火炬在中国登山队队员的手中顺利登上喜马拉雅山主峰——珠穆朗玛峰。奥运圣火第一次在世界之巅熊熊燃烧。

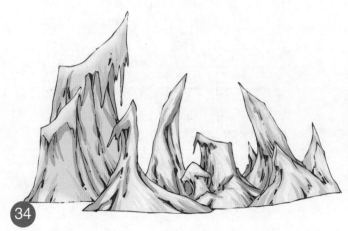

冰川是喜马拉雅山非常壮丽的景色之一。在雪线以下数千米范围内，遍布着千姿百态的冰塔林、冰墙、冰斗、冰蘑菇等冰川地貌。

最高处为高山永久积雪带。

5300米以上为高山寒漠带。

20亿年前，喜马拉雅山脉地区还是一片汪洋大海。一直到距今3000万年前，印度洋板块与欧亚大陆板块相互碰撞，交叠挤压，使这一地区逐渐隆起，形成了世界上最雄伟的山脉。地壳运动导致山峰还在不断长高。

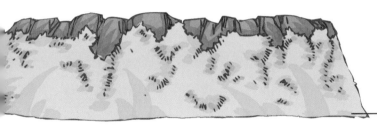

4500米以上为高山草甸带。

再往高处，由灌木丛代替森林，出现灌木丛带。

2000米以上为针叶林带。

2000米以下，常绿阔叶林郁郁葱葱，形成常绿阔叶林带。

火山

爆发啦！伴随着惊天动地的轰鸣，石块飞腾翻滚，炽热无比的岩浆像一条条凶残的火龙，从地下喷涌而出，吞噬着周围的一切！一瞬间，方圆几十千米都被浓烟笼罩着。有些火山史前喷发过，但现在已不再活动，这样的火山被称为"死火山"；有的火山有史以来曾经喷发过，但长期处于相对静止状态，被称为"休眠火山"；时常喷发的火山叫作"活火山"。

印度尼西亚的坦博拉火山，是一座脾气暴躁的火山。它在有历史记录以来的最大一次爆发中，持续了3个多月，喷出的物质多达150立方千米，把火山头都削掉了1250米！火山喷发在极短的时间内就会给人类的生命财产造成巨大的损失，是一种灾难性的自然现象。

火山为什么会爆发呢？原来，地球内部充满了炽热的岩浆。在极大的压力下，岩浆会从薄弱的地方冲破地壳，喷涌而出，这就是火山喷发。

在火山喷发前，一些动植物会出现异常的变化。有些动物似乎能预感到大难即将来临，纷纷迁移。在印度尼西亚有一种奇特的植物，在火山爆发之前会开花，当地居民把它称为"火山报警花"。

雪崩

是一种难以预料的自然灾害。本来覆盖着白雪的山坡是那么宁静，突然间，"咔嚓"一声，巨大的雪体开始滑动。在向下滑动的过程中，雪体的速度越来越快，体积越滚越大，最后变成一条直泻而下的白色雪龙，腾云驾雾，呼啸着向山下冲去！

雪崩通常从山顶爆发，以极高的速度从高处呼啸而下，所产生的力量足以摧毁所到之处的任何物体。即使是郁郁葱葱的森林，遇到高速运动的大雪崩，也会被一扫而光。因此，雪崩被人们称为"白色妖魔"。

人类短跑的最快速度大约为10米／秒；动物界的短跑冠军猎豹在追捕猎物时的速度也只有30.5米／秒；但是雪崩的速度却能够达到97米／秒！

大雪刚停时，位于上层的雪不牢固，或是雪刚开始融化，积雪变得不稳固时，都容易发生雪崩。有时，一个轻微的触动，比如动物的奔跑、石块的滚落、刮风、轻微的震动，甚至在山谷中大喊一声，都足以引发一场雪崩。所以，最好不要经过雪崩的多发区。

赤潮

赤潮 是海洋中的浮游生物突然大量繁殖或高度聚集,引起海水变色,并影响和危害其他海洋生物的灾害性生态现象,被喻为"红色幽灵"。科学家认为,赤潮现象是海水不流动、日照量增大和水温上升等因素综合作用的结果。

赤潮是一种统称,不一定都是红色的。引发赤潮的浮游生物种类和数量不同,水体就会呈现不同的颜色,有红色或砖红色、绿色、黄色、棕色等,有些生物引起的赤潮不会使海水变色。

有些赤潮生物会分泌出黏液,粘在鱼、虾、贝等生物的鳃上,妨碍它们呼吸,直至窒息死亡。海洋生物吃了有毒素的赤潮生物后,可能会引起中毒死亡。如果人类再食用含有毒素的海产品,也会造成类似的可怕后果。

城市的工业废水和生活污水大量排入海中，会促进赤潮生物的大量繁殖。许多国家已经采取措施控制污染物向海水中排放。

在全世界的海洋浮游藻类中，有260多种能形成赤潮，其中有70多种还能产生毒素，它们分泌的毒素，甚至可能直接导致海洋生物大量死亡呢！

厄尔尼诺

现象是指太平洋水温异常升高，导致全球气候变化，引起旱、涝灾害，造成农作物减产、鱼虾大量死亡的现象。厄尔尼诺是西班牙语中"圣婴"的意思，不过，厄尔尼诺可不是一个可爱的孩子，它专门调皮捣蛋，造成了很多严重的灾害。

厄尔尼诺现象的基本特征是：太平洋沿岸的海面水温异常升高，海水水位上涨，并形成一股暖流向南流动。它使原本属于冷水域的太平洋东部水域变成了暖水域，造成该地区干旱，而太平洋西岸水域则会出现海啸等异常气候。

拉尼娜现象是厄尔尼诺现象的反相，也就是太平洋水温异常降低。拉尼娜是西班牙语中"圣女"的意思。一般来说，拉尼娜的影响和破坏力没有厄尔尼诺严重。厄尔尼诺与拉尼娜通常每四年转换一次。

虽然人类目前还没有办法制止厄尔尼诺现象的发生，但是人们已经建立了由海洋浮标、船舶、潮汐观测站、卫星等组成的观测网，对海洋和大气状况进行监测，以便及时预报这一现象，把灾害造成的损失降到最低程度。

科学家认为，厄尔尼诺现象的形成有两方面因素：一是人为因素，人类活动加剧了气候变暖；二是自然因素，和赤道信风、地球自转、地热等有关。

泥石流

是由暴雨、积雪大量融化等引起的，含有大量泥沙、石块的特殊洪流。泥石流往往在山区的沟谷中突然暴发，浑浊的流体快速地沿着陡峻的山沟前推后拥，奔腾咆哮而下。它横冲直撞，能在很短的时间内将大量泥沙、石块冲出沟外。

骤然发生的大量降水很容易引发泥石流。

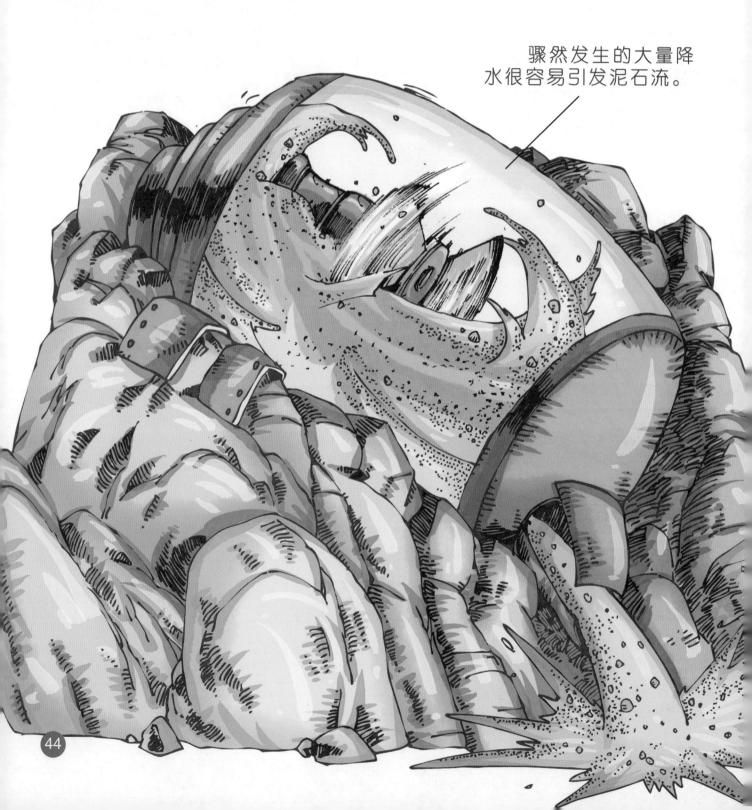

一些山高坡陡的地区，既有利于大量水源汇集，又有很多风化的岩石，非常容易形成泥石流。泥石流的形成与降雨的关系十分密切，降雨量越大，形成泥石流的概率就越高。

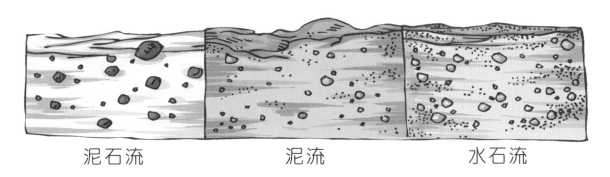

泥石流　　　　泥流　　　　水石流

顾名思义，由大量黏性土和大小不等的沙粒、石块组成的叫泥石流；以黏性土为主，含少量沙粒、石块，呈稠泥状的叫泥流；由水和沙粒、石块组成的称为水石流。

泥石流暴发突然，来势凶猛，能造成村毁人亡的灾难。要减少泥石流带来的危害，一方面要做好灾害的预报工作，尽量减少损失；另一方面，要保护山地生态环境，退耕还林，从根本上防范泥石流的发生。

地面下陷

是指地表缓慢沉降的现象，大多出现在城市中和采矿区。城市通常都坐落在坚实的地壳上，为什么会下沉呢？原来，貌似坚固的地壳其实就像一块吸饱了水的海绵。当水的补给不足的时候，土地像被挤干的海绵一样干瘪了，就会发生沉降现象。地面下陷会毁坏建筑物和生产设施，造成海水倒灌，也十分不利于资源的开发。

对地下水的过度开采，是引发地面下陷的主要原因。

地面下陷会产生严重的后果。建筑物的地基、管道、水井等会随着沉降而变形，最后只能报废。下水道一旦降到河水水位以下，不但不能排水，反而会发生倒灌现象。地下水水位如果低于海平面，海水也可能渗入，那城市居民就只能喝咸水啦！

意大利的威尼斯是一座美丽的水城。可现在，圣马可教堂所在的主岛正以每年5毫米的速度下降。教堂广场在1920年时海拔为68.6厘米，到1970年降到了48.3厘米。由于地面下降，圣马可广场每年至少要被洪水淹上100次。如果不采取措施，百年以后，美丽的威尼斯将全部沉没于水中。

地面下陷是由多种原因引起的，其中最重要的原因就是人类对地下水的过度开采。一旦地下水的开采量超过它的补充量，地下水位就会下降，使地下出现空洞。而城市中的建筑物对地面产生了强大的压力，一旦地面承受不了这样的压力，就会发生塌陷。所以，归根到底还是要节约用水。

为了防止地面下沉，一些地区已经限制了对地下水的开采。另外，通过建设新型的可渗透路面和沟、渠、井、绿地等，可以尽量让雨水回渗地下，缓解沉降。

山崩

是指山坡上的岩石、土壤瞬间滑落的现象，一般也指坡地的土石等受到重力作用而产生向下坡移动的现象。山坡越陡，土石越容易下滑，山崩就越容易发生。另外，连续的大雨之后，土石松动了，也容易发生山崩。

引起山崩的最主要原因，是山坡上的岩石或土壤吸收了大量的雨水或雪水，无法保持稳固，而发生下滑。预防山崩最好的办法就是植树造林。

如果发生山崩时被埋，应该尽量找东西支撑住可能坠落的重物，扩大自己安全生存的空间。同时，别忘了挖一个通气孔，防止窒息。这样做，能争取更多的时间等待救援人员到达。

造成山崩的人为因素很多。不科学地挖洞、开凿隧道、开矿，都会引起山崩。所以，就算为了大家的生命安全，也不能随意施工、破坏大自然啊！

地球的板块运动所引起的山崩，可能会造成影响全球的灾害，比如大规模的海啸。

地震

是一种很难预测的自然现象。地球内部积累了很大的能量，它们会对地壳产生巨大的压力。当这种力量超过岩层所能承受的极限时，岩层便会突然发生断裂或错位，使积累的能量急剧地释放出来，并以地震波的形式向四周传播——这就是地震。

地震的烈度不同，造成的影响也不同。一般是震中烈度最高，向外延伸，地震烈度逐渐减小。

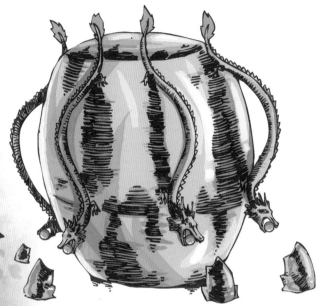

我国东汉时期的科学家张衡发明了地动仪。它的外面铸有八条龙，分别朝着八个方向，龙的口中各衔着一枚小铜球。发生地震时，该方向的铜球会落入下面的铜铸蛤蟆口中，并发出响声。这样，就能知道哪个方向发生地震了。

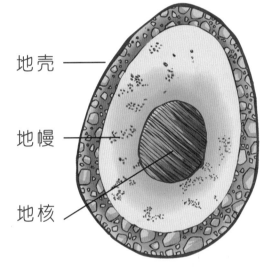

地壳 ——

地幔 ——

地核 ——

地球的结构就像鸡蛋，可分为三层。核心层是"蛋黄"——地核；中间是"蛋清"——地幔；外层是"蛋壳"——地壳。地震一般在地壳中产生。

在大地震发生前，一些动物往往会出现惊恐不安、狂奔乱叫、萎靡不振、不思饮食等异常反应。

发生地震时，千万不要慌张，应及时跑到室外的空旷地带，来不及跑出去的，应选择在坚固的家具旁就地躲藏。

洪水 是一种自然灾害，如果一个地方长时间下雨，或者短时间内下大暴雨，大量的雨水汇入河流中，超过了河流的容纳能力，就会发生洪水。洪水一旦失去控制，就会泛滥成灾。

传说尧在位的时候，黄河流域发生了很大的水灾。鲧（gǔn）采用造堤筑坝的方式治水，结果洪水冲塌了堤坝，水灾反而闹得更凶了。后来鲧的儿子禹采用开渠排水、疏通河道的办法，把洪水引到大海中去，终于成功地治理了洪水。

在高寒山区，冬季降雪量比较大，而夏季气温回升比较快，这就加快了积雪融化的速度，容易引发洪水。和普通洪水不同的是，融雪性洪水当中会夹杂大量的冰块和冰凌，给所到之处造成巨大的破坏。

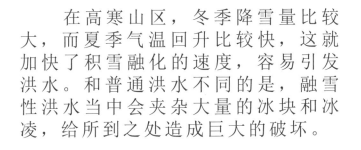

洪水发生时，如果来不及转移，要就近躲避到山坡、高地、楼房、避洪台等地，设法寻求援助。如果已经被卷入洪水中，一定要尽可能抓住固定的或能漂浮的物体，寻找机会逃生。

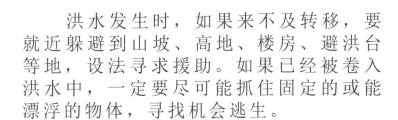

骤发性洪水的速度又快又猛，只要水位达到15厘米，就可以将人冲走，如果水位达到60厘米，就能使汽车漂浮起来，并将其冲走。

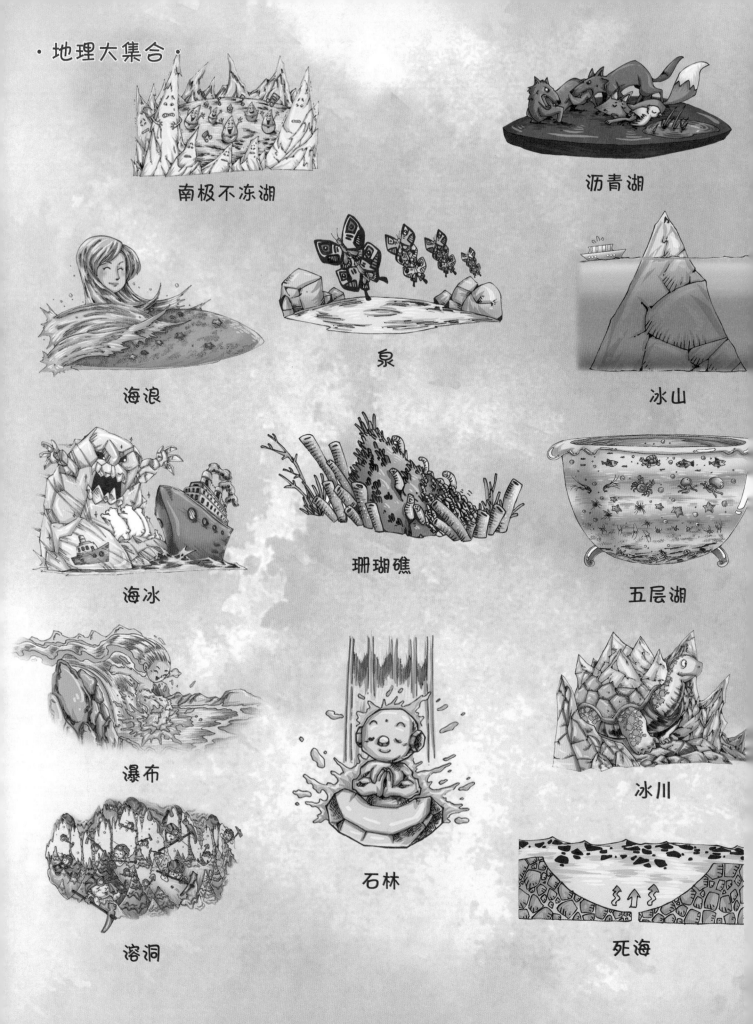

· 地理大集合 ·

南极不冻湖

沥青湖

海浪

泉

冰山

海冰

珊瑚礁

五层湖

瀑布

石林

冰川

溶洞

死海

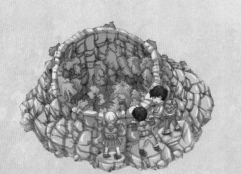

地下森林

厄尔尼诺

喜马拉雅山

泥石流

长白山天池

火山

地面下陷

雪崩

洪水

地震

山崩

赤潮

图书在版编目（CIP）数据

奇趣创意科学. 神奇地理 / 明洋卓安编著. --北京:
中国科学技术出版社, 2018.5（2020.8重印）
ISBN 978-7-5046-7796-9

Ⅰ.①奇… Ⅱ.①明… Ⅲ.①自然科学－儿童读物
Ⅳ.①N49

中国版本图书馆CIP数据核字(2017)第295624号

策划编辑 邓 文　　责任编辑 邓 文
责任校对 杨京华　　责任印制 马宇晨

中国科学技术出版社出版
北京市海淀区中关村南大街 16 号　邮政编码: 100081
电话: 010-62173865　传真: 010-62173081
http://www.cspbooks.com.cn
中国科学技术出版社有限公司发行部发行
山东华立印务有限公司
*
开本: 889 毫米 ×1194 毫米　1/16
印张: 3.5　字数: 60 千字
2018 年 5 月第 1 版　2020 年 8 月第 2 次印刷
ISBN　978-7-5046-7796-9/N · 228
印数: 5001—15000 册　定价: 29.80 元